BBC earth 博思星球

科普版

王朝

伟大的动物家族

DYNASTIES

THE GREATEST OF THEIR KIND

探秘黑猩猩

[英] 丽莎·里根 / 文　李颖 / 译

科学普及出版社
·北　京·

北京市版权局著作权合同登记　图字：01-2022-6296

图书在版编目（CIP）数据

王朝：科普版．探秘黑猩猩 /（英）丽莎·里根文；李颖译．-- 北京：科学普及出版社，2023.1
ISBN 978-7-110-10498-9

Ⅰ．①王… Ⅱ．①丽… ②李… Ⅲ．①黑猩猩－少儿读物 Ⅳ．① Q95-49

中国版本图书馆 CIP 数据核字（2022）第 167364 号

总　策　划：秦德继	**助理编辑：**倪婧婧
策划编辑：周少敏　李世梅　马跃华	**封面设计：**张　茁
责任编辑：李世梅　郑珍宇	**责任校对：**张晓莉
版式设计：金彩恒通	**责任印制：**李晓霖

出版：科学普及出版社	**邮编：**100081
发行：中国科学技术出版社有限公司发行部	**发行电话：**010-62173865
地址：北京市海淀区中关村南大街 16 号	**传真：**010-62173081
网址：http://www.cspbooks.com.cn	

开本：787mm×1092mm　1/12	
印张：13 1/3	**字数：**100 千字
版次：2023 年 1 月第 1 版	**印次：**2023 年 1 月第 1 次印刷
印刷：北京世纪恒宇印刷有限公司	

书号：ISBN 978-7-110-10498-9 / Q · 280	**定价：**150.00 元（全 5 册）

（凡购买本社图书，如有缺页、倒页、脱页者，本社发行部负责调换）

目录

这是戴维

这只黑猩猩是英国广播公司（British Broadcasting Corporation，BBC）《王朝》系列节目里的明星。节目组花了两年时间跟拍它，展现了它在非洲西部塞内加尔森林中的生活。它是一个黑猩猩群中的首领，并且已经在这个位置上待了三年。黑猩猩是一种迷人的动物，它们身上有很多值得我们了解的东西。

基本概况

种：黑猩猩

亚种：4 亚种

纲：哺乳纲

目：灵长目

保护现状：濒危或极危（西非亚种）

野外寿命：至少 30 年，有时长达 50 年

分布：非洲

栖息地：森林、林地或热带稀树草原

身高：1.2 ~ 1.7 米

体重：雄性 40 ~ 60 千克
雌性 32 ~ 47 千克

食物：水果、树叶、树皮、蜂蜜、鸟蛋、昆虫、小动物

天敌：花豹

来自人类的威胁：盗猎、栖息地破坏、非法宠物贸易

初识猿类

黑猩猩是类人猿，属于人科动物。倭黑猩猩、大猩猩和猩猩也属于人科，同在这一科下的还有人。

黑猩猩和倭黑猩猩是我们的近亲。

黑猩猩的体形比大猩猩和猩猩都要小。

它们是什么样的呢?

白天，类人猿比较活跃，它们会吃很多植物。它们的身上长着许多毛发，胳膊很长，非常适合在树上活动。

倭黑猩猩的外形很像黑猩猩，但是它们长了张黑黑的脸，嘴唇是粉红色的。

猩猩是亚洲唯一一类大型类人猿，处于极危状态。与其他群居的类人猿不同，它们大多独自生活。

体形最大的类人猿

大猩猩是类人猿中体形最大的。比起其他类人猿，大猩猩在地面上活动的时间更多。

近距离看一看

黑猩猩能够在地面上行走和奔跑，但它们更适合长时间待在树上。

面部、耳朵、双手和双脚上的皮肤都是裸露的，只有下巴上长了一圈胡子

手臂比腿长

长长的手臂有助于在树枝之间荡来荡去

大脚趾与其他脚趾之间有一个很大的间隙，有利于攀爬

可以用四肢行走，也能直立行走

成年雄性黑猩猩的力量至少是人类的两倍。

黑猩猩幼崽的面部通常是粉色的，随着年龄的增长，面部颜色会渐渐变黑

黑猩猩的头骨与人类的非常相似。不过，它的脑容量小于人类，犬齿比人类的更尖锐。

又长又弯的手指和脚趾有助于抓住树枝

指关节着地走的行走方式导致手指皮肤粗糙、硬化

黑猩猩生活在哪里？

目前发现的所有野生黑猩猩都生活在非洲。在非洲西部和非洲中部热带地区的不少国家都有它们的身影。

许多黑猩猩群在热带雨林、林地和草原上安家，它们需要树木为自己提供庇护和食物。

英国广播公司拍摄的这个黑猩猩群居住在一片林地中，周围散布着一些草地。这个区域的森林面积比其他黑猩猩的居住地要小一些。

阳光和雨露

热带雨林地区的气候有时候非常炎热，几乎每天都要下雨。但这里也有旱季。有些黑猩猩居住在雨水非常少的地方，那里可能会发生旱灾甚至森林大火。

戴维的黑猩猩群所居住的地方，温度通常能达到 40 ℃以上。

森林中的生活

夜晚，黑猩猩们在树上睡觉。白天，它们有时在树枝上，有时也会下到地面上来。

安全入睡

黑猩猩用树叶搭窝，在里面睡觉。它们每晚都要搭一个新窝。黑猩猩幼崽会从妈妈那里学习如何搭窝。

黑猩猩不会游泳，但很喜欢蹚水，它们用这种方式给自己降温。

移动

和其他猿类一样，黑猩猩能用胳膊从一棵树上荡到另一棵树上。

每个黑猩猩群都有自己的领地。它们会守卫边界，通过战斗来驱逐其他黑猩猩群。

群居

黑猩猩是社会性极强的动物，它们生活在一起，组成一个群落。每个群落都有一只雄性黑猩猩担任首领。

统领全局

首领能够与雌性交配，能够享用最好的食物，就连喝水，它也有优先权，它喝完，别的黑猩猩才能喝。

黑猩猩们会为同伴捉身体上的小虫子、清理泥垢，这种行为叫作“理毛”。这是一种交朋友的好方法。

交流

黑猩猩群落通常非常吵闹。它们在树上互相喊叫，声音千变万化。

黑猩猩彼此之间会发出一种轻柔的“呼”声打招呼。

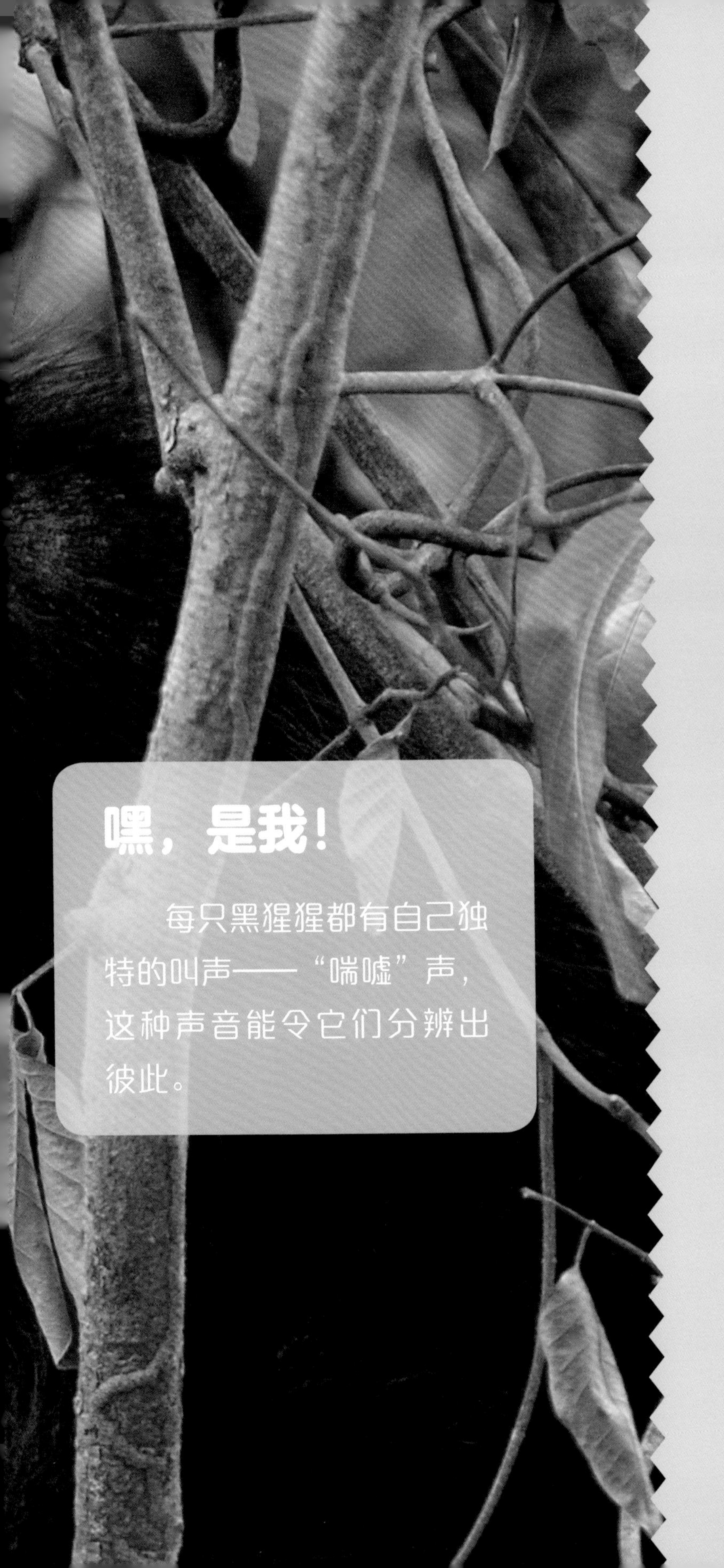

嘿，是我！

每只黑猩猩都有自己独特的叫声——“喘嘘”声，这种声音能令它们分辨出彼此。

咱们聊聊吧！

和人类一样，黑猩猩也使用肢体语言。它们会互相拥抱、亲吻和拉手，也会为彼此挠痒痒、拍背。它们的面部表情也非常丰富。

一只愤怒或者受到惊吓的黑猩猩会大声怒吼、尖叫，并张大嘴，露出巨大的犬齿。

食物

黑猩猩吃各种各样的食物。大部分时候它们吃水果和大量的植物，但它们也吃昆虫（比如蚂蚁和白蚁）、鸟蛋、坚果、菌类及蜂蜜等。

白蚁富含脂肪和蛋白质，在黑猩猩每日的食物中，大约有四分之一是白蚁。

黑猩猩用手进食，也用手来觅食。

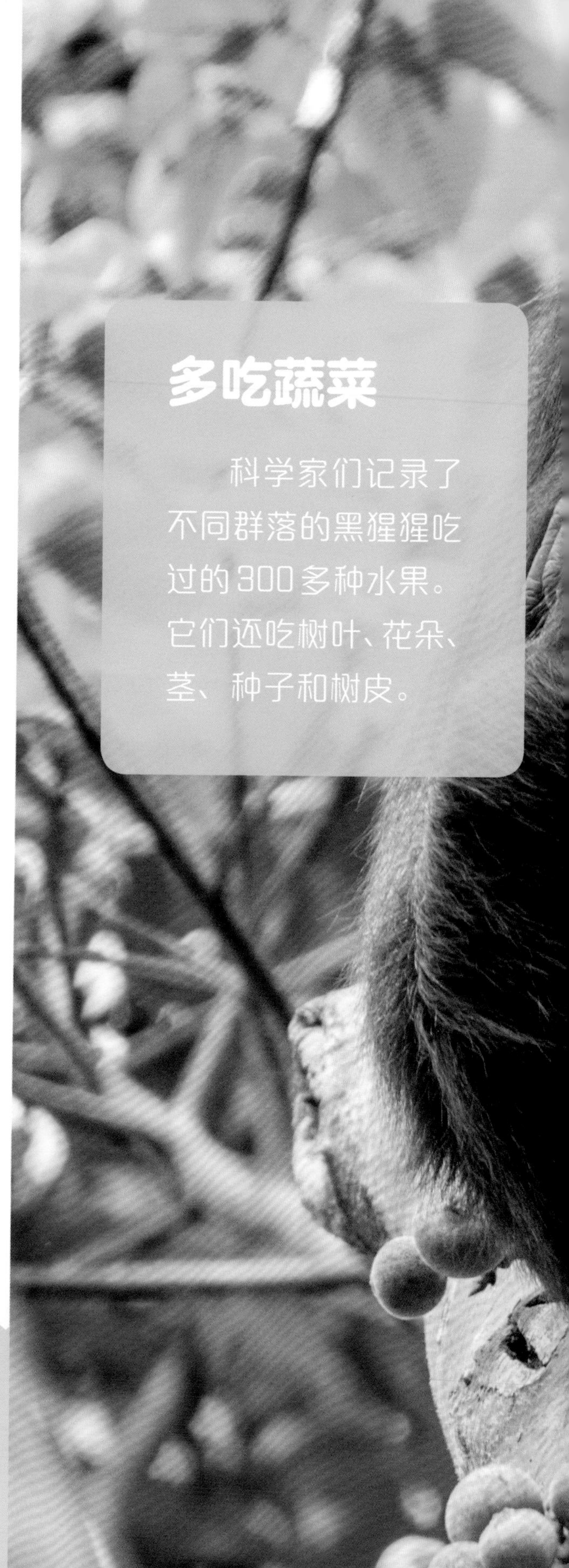

多吃蔬菜

科学家们记录了不同群落的黑猩猩吃过的300多种水果。它们还吃树叶、花朵、茎、种子和树皮。

森林猎手

大多数类人猿是食草动物，但黑猩猩也吃肉。它们组队狩猎，在树林间追捕疣（yóu）猴等动物。

使用工具

20 世纪 60 年代以前，科学家们普遍认为人类是唯一会使用工具的生物。现在我们知道，黑猩猩也会使用工具。

扫码看视频

黑猩猩能像人类使用锤子一样用石头砸开坚果，还能像人类使用海绵一样用苔藓吸水。

进餐时间

把白蚁从蚁穴中弄出来是非常困难的，黑猩猩把树枝作为掏白蚁的工具。它们把树枝伸入蚁穴，然后吃掉粘在上面的白蚁。

黑猩猩幼崽通过观察妈妈的行为来学习如何使用工具。

黑猩猩幼崽的臀部有一簇白毛。随着年龄的增长，这簇白毛会渐渐消失。

养育幼崽

雌性黑猩猩通常一次只生一只幼崽。为了保证孩子的安全，它会离开同伴，独自分娩。

起初，黑猩猩幼崽会倒挂在妈妈的肚子上。等到大一些了，它就会骑到妈妈的背上。

渐渐长大

黑猩猩是哺乳动物，它们用乳汁喂养幼崽。黑猩猩幼崽长到三岁左右时，就不再吃妈妈的奶了。

黑猩猩幼崽在七岁之前，都会一直跟在妈妈身边。

天敌与捕食者

成年黑猩猩强壮、聪明又敏捷，在自然界中几乎没有天敌。然而，它们也需要时刻保持警惕，尤其是独自外出的时候。

如果发现蛇，比如非洲岩蟒，黑猩猩就会发出警报。

据报道，黑猩猩会杀死花豹的幼崽，以阻止它们长成极度危险的猫科动物。

濒危物种

在曾经有黑猩猩定居的非洲国家中，有四个国家的黑猩猩已完全绝迹。在其他国家，它们的数量也在急剧下降。黑猩猩已被列为濒危物种。

在塞内加尔西部，戴维率领的黑猩猩群面临着更大的生存威胁，它们已被列为极危物种。

不断失去领地

黑猩猩赖以生存的树木被大量砍伐或焚烧，城镇、农场、公路和铁路在黑猩猩生存的土地上越建越多。

人类狩猎

每年都会有许多黑猩猩被人类杀死，成为餐桌上的美食。这种来自丛林的野味曾经只是当地人用来果腹的食物。而现在，越来越多的野味被出售，被猎杀的黑猩猩也越来越多。

不幸的是，一些黑猩猩生活在地下有黄金的地方。采矿者会侵入它们的土地，并用汞获取黄金。这样做会污染黑猩猩的水源。

黑猩猩是人类的近亲，也会患上人类的疾病。即使是普通的感冒，对它们而言也是非常危险的。

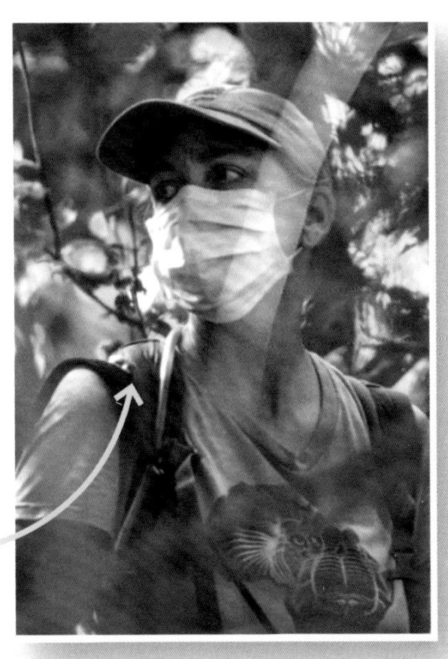

科研人员必须戴上口罩，以保护类人猿的安全。

电视明星

在塞内加尔当地专家的帮助下，英国广播公司的摄制团队找到了戴维的黑猩猩群。在丛林中跟拍黑猩猩是一项非常艰苦的工作。

和其他黑猩猩一样，戴维的黑猩猩群经常分成更小的团体去寻找食物。摄制组不得不奔走数千米，跟拍不同的团体。

黑猩猩醒来并开始活动时，拍摄就开始了。此时通常是凌晨四点！它们会在丛林中穿行，直到天黑。

在刚开始拍摄的时候，戴维会故意跑出来，展示一下主导地位，表明自己才是这里的首领。但渐渐地，黑猩猩们对摄影机和人类就习以为常了。

有本事就来抓我呀！

如果黑猩猩想要独自待着，它们就会轻松地加快移动速度，让摄制组跟不上。

考考你自己

把书倒过来，
就能找到答案！

关于黑猩猩，你学到了哪些知识？

1

黑猩猩们会通过哪种声音来分辨彼此？

A. “喘吼”

B. “啁啾”（zhōu jiū）

C. “喘嘘”

2

哪种大型猫科动物能够对黑猩猩产生真正的威胁？

3

为什么黑猩猩的指关节上的皮肤是粗糙坚硬的？

4

黑猩猩在什么地方搭窝？

5

哪一种类人猿的长相与黑猩猩最相似？

6

黑猩猩嘴里又尖又长的牙被称为什么？

7

黑猩猩怎样捉白蚁？

A. 把一根树枝捅进白蚁的巢穴

B. 用空心的树枝做吸管

C. 用石块砸开蚁穴

8

黑猩猩幼崽的面部是什么颜色的？

答案：1.C 2.花豹 3.因为黑猩猩走路时指关节着地，长久地摩擦导致皮肤粗糙变硬 4.在树枝上 5.倭黑猩猩 6.犬齿 7.A 8.粉色

名词解释

濒危　世界自然保护联盟（IUCN）《受胁物种红色名录》标准中一个保护现状分类，指某个野生种群即将灭绝的概率很高。

捕食者　捕食和猎杀其他动物的动物。

蛋白质　食物中一种有助于动物生长发育的物质。

极危　世界自然保护联盟（IUCN）《受胁物种红色名录》标准中一个保护现状分类，指某个野生种群即将灭绝的概率非常高。

类人猿　外貌和举动较其他灵长类更像人类的猿类。

领地　这里指动物为了找到足够的食物而占有的区域。

热带稀树草原　位于干旱季节较长的热带地区，以旱生草本植物为主，零星分布着旱生乔木、灌木的植被。

食草动物　吃草或藻类的动物。

理毛　动物个体为自己或同种其他个体的皮肤、毛发、羽毛等进行清理或整理的行为，具有清洁、驱虫或社交等功能。